COLLECTION DE MÉMOIRES

SUR LA

LOCOMOTION AÉRIENNE

SANS BALLONS,

PUBLIÉE

PAR LE Vᵗᵉ DE PONTON D'AMÉCOURT.

L'AVIATION ET LE VOL DES OISEAUX,

PAR M. Ramon DE MORÈNES,

INGÉNIEUR DU ROYAL INSTITUT DE MADRID.

PARIS,

GAUTHIER-VILLARS, IMPRIMEUR-LIBRAIRE

DU BUREAU DES LONGITUDES, DE L'ÉCOLE IMPÉRIALE POLYTECHNIQUE,

SUCCESSEUR DE MALLET-BACHELIER,

Quai des Augustins, 55.

1866

V

L'AVIATION ET LE VOL DES OISEAUX,

Par M. Ramon de MORÈNES,

INGÉNIEUR DU ROYAL INSTITUT DE MADRID.

(Extrait de la *Collection de Mémoires sur la Locomotion aérienne sans ballons*,
publiée par M. le Vte de Ponton d'Amécourt.)

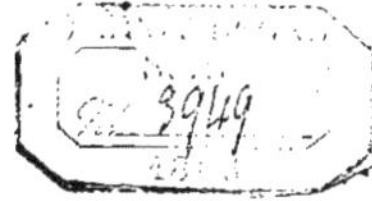

PREMIÈRE PARTIE.

I.

Depuis quelques années le grand problème de la locomotion aérienne me préoccupe vivement.

Dès mes premières études, je me suis convaincu de l'impossibilité pratique de l'aérostation.

Chercher dans l'air un point d'appui avec un corps moins dense que ce fluide, n'est-ce pas lui en donner un excellent pour nous maîtriser?

Chercher à fendre l'air à l'aide d'un corps moins dense que l'air, n'est-ce pas vouloir percer une plaque de fer avec une balle de cire?

Si l'aérostation m'a toujours paru un rêve d'imagination irréalisable, l'*aviation* (*) au contraire m'a toujours semblé possible, et je crois pouvoir ajouter aujourd'hui qu'elle est non-seulement possible, mais réalisable et facile à faire entrer dans le domaine de la pratique.

J'avais, comme d'autres, pensé aux propulseurs héliçoïdaux comme moyen de s'élever dans les airs; cette idée me charma et j'en poursuivis l'étude avec ardeur. Mais, hélas! l'hélice (en adoptant ce nom) n'était pas tout; puis, d'autres que moi y avaient songé; enfin les calculs de bien des savants me disaient qu'un pigeon dépensait pour voler le travail d'un cheval-vapeur. L'immense problème à

(*) Je déteste la manie des petits savants d'introduire dans les sciences connues des nomenclatures plus ou moins fondées; je crois cependant que l'on doit admettre pour la nouvelle science dont je m'occupe le nom d'*aviation*, attendu que ce mot exprime nettement son objet principal. Je crois que le nom générique de *locomotion aérienne* est aussi applicable; on dit *locomotion terrestre*, *locomotion maritime*, *locomotion fluviale*, disons donc *locomotion aérienne* et non pas *navigation aérienne*, ce qui implique l'idée de se servir d'un navire ou d'une nacelle.

résoudre m'effrayait, je l'avoue; cependant je contemplais le vol des oiseaux et je me disais que la nature et son créateur possèdent des ressources qui échappent à tous les savants du monde; je me décidais à laisser un moment mes livres de côté, et avec l'audace que donne la fermeté d'une conviction, j'osais m'écarter un peu de la route suivie par d'autres intelligences bien supérieures à la mienne, mais peut-être aussi plus orgueilleuses de leur valeur.

Je n'aurai pas à m'en repentir.

J'en étais là quand parut l'excellente brochure de M. de Ponton d'Amécourt : *la Conquête de l'air par l'hélice*, et, par un hasard presque providentiel, elle tomba entre mes mains le jour même où elle fut livrée au public.

Les raisons à l'appui de cette *brillante conquête*, si nettement exprimées par l'auteur, achevèrent de m'affermir dans mes idées et m'encouragèrent à chercher la solution pratique d'un des plus grands problèmes que l'humanité doive résoudre prochainement. C'est un agréable devoir de gratitude que de remercier de tout mon cœur et dans les premières lignes que j'adresse au public l'homme qui a ranimé ma foi et mes espérances, ma certitude aujourd'hui.

Je crois avoir lu tout ce qui s'est écrit de plus sérieux et de plus notable sur l'*aviation* : la brochure de M. le Vte d'Amécourt, l'ouvrage de M. de La Landelle, les recherches et les calculs de MM. Landur et Liais, ainsi que de M. Babinet; j'ai étudié l'aéroscaphe de M. de Fresne, j'ai entendu les beaux discours de M. Barral, feuilleté les calculs de M. Gustave Lambert et les Notices de MM. Michel Loup et autres.

S'il est vrai que tout a contribué à m'éclairer, tout aussi m'a fait comprendre que ceux qui étudient la question, tout en étant dans la bonne voie, sont encore loin d'atteindre le but. A mon avis, le tort que l'on a eu en général a été peut-être, d'une part, de ne pas oser franchir la barrière élevée par certaines intelligences d'un mérite considérable, mais faillibles; d'autre part, de s'être trop préoccupé de la force motrice en laissant un peu de côté la question principale, la meilleure utilisation de cette force, la *solidification*, pour ainsi dire, du point d'appui, que je crois être la grande difficulté *apparente* de l'*aviation*.

On s'est beaucoup occupé d'étudier l'aigle, et l'on a méprisé l'insecte qui voltige autour de nous (*); on a voulu faire un oiseau au lieu de se contenter de l'imiter, en oubliant la différence essentielle qui existe entre la matière inerte et la matière animalisée.

On a courbé la tête devant l'opinion d'illustres savants et calculateurs qui ont déduit de leurs calculs, quelquefois exacts en *absolu*, des conclusions tout à fait absurdes sur la *force motrice* nécessaire pour soulever un corps.

(*) La famille des Croacères est à mon avis, et je dirai plus tard pourquoi, une des plus intéressantes à étudier.

On a dit d'une manière absolue que l'hélice est le pire des propulseurs, et l'on a admis cette erreur d'un calculateur très-connu du public et très-respectable; et ce qui est plus étonnant encore, c'est qu'il y ait des hommes dont le nom est vénéré partout où la science s'est fait un peu de jour, des hommes illustres, qui nient la possibilité de l'aviation.

Pour ma part, tout en respectant l'opinion de tous, je crois et je pense prouver d'une manière concluante qu'avec un moteur d'une force très-minime on peut s'élever et se diriger dans l'air; qu'à l'aide de certaines dispositions on peut augmenter *théoriquement* jusqu'à l'infini la résistance du point d'appui, ou en d'autres termes le rendre solide, et que, ces deux questions résolues et démontrées, une infinité de dispositions, de moteurs et mécanismes rendront la locomotion aérienne le moyen le plus sûr, le plus facile, le plus rapide, le plus économique et le plus universel de franchir toutes les distances qui séparent les lieux habités, connus, inconnus, accessibles et inaccessibles...; qu'en un mot l'aviation changera la face du monde!

II.

Quand, dans l'analyse mathématique, on trouve un résultat de la forme

$$f(y) = f'(y + x),$$

$f(y)$ étant une fonction réelle et x n'étant pas égal à zéro, on conclut qu'à moins d'avoir mal résolu la question, elle est en elle-même absurde ou impossible ou mal posée.

Ces trois conclusions, on peut généralement les rendre évidentes quand il s'agit des méthodes algébriques; mais quand il s'agit des applications pratiques, on se trouve bien souvent embarrassé, et à mon avis on ne doit jamais nier la possibilité d'un problème que quand on prétend avec une *cause* parfaitement connue produire un *effet* supérieur, ou quand sans *cause* on veut produire un *effet*.

Inversement, quand un effet est produit, on doit en conclure qu'il existe une cause proportionnelle à cet effet, et on doit encore admettre que des causes analogues dans des circonstances analogues produisent des résultats ou effets analogues.

Ce sont ces principes si simples et si évidents qu'ont oubliés ceux qui nient la possibilité de l'aviation, ceux qui admettent l'exactitude de certains résultats théoriques en contradiction avec les faits analogues.

Nier la possibilité du vol mécanique, c'est nier que l'oiseau vole.

Admettre que pour élever un poids p il faut produire un travail égal à celui que la gravité peut produire, c'est condamner tous les êtres qui volent à s'élever

1.

avec une vitesse proportionnelle à leur masse et toujours égale ou supérieure à celle d'un corps qui tombe d'une hauteur donnée (*).

Pour ma part, je crois qu'au contraire on peut affirmer *à priori* la possibilité de l'aviation. L'oiseau vole; donc dans des conditions analogues une machine s'envolera. Il suffit de connaître ces conditions, assujetties aux lois parfaitement connues de toute matière et de les savoir appliquer, et personne n'oserait nier qu'on puisse y parvenir.

Je crois inutile d'insister sur la faculté des oiseaux de s'élever plus ou moins rapidement, et j'avancerai encore *à priori* que loin de croire si énorme qu'on le suppose le travail qu'ils déploient en volant, j'estime qu'il est inférieur dans plusieurs cas et peut-être toujours à celui déployé dans la marche sur un plan incliné (**).

Comment autrement pourrait-on comprendre la durée du vol des oiseaux voyageurs? Est-il raisonnable de croire que l'hirondelle, par exemple, peut produire pendant douze heures le même travail qu'un cheval? L'agent qui la soutient dans les airs n'est-il pas le même, quoique se comportant autrement, que celui qui anime les muscles du cheval? Convertissez en agent moteur, non-seulement les aliments de l'oiseau, mais encore son sang, ses muscles, ses plumes, etc., et vous trouverez de deux choses l'une : ou que la matière qui compose ces êtres est assujettie à des lois autres que celles qui régissent toute autre matière, ou que la force motrice qu'ils déploient est en relation avec sa masse et même relativement inférieure....

A ceux qui nient la possibilité de l'aviation, je dis : Raisonnez, et vous reconnaîtrez votre erreur. A ceux qui doutent de sa solution pratique, je dis : Calculez, et vous la trouverez facile à réaliser.

III.

D'après les principes incontestables de la Mécanique, il existe *toujours,* dans tous les cas possibles et dans toutes les circonstances imaginables, une égalité parfaite entre le travail moteur Tm et le travail résistant plus les résistances passives, Tr + R.

Nous aurons donc l'équation

$$(1) \qquad\qquad Tm = Tr + R,$$

(*) Puisque $mge = pe'$, et que gm, e et p sont constants dans chaque cas, e' égalerait e si la proposition était exacte. Ne pas confondre une force g avec un effort gt, et avec un travail ge dans un temps t.

(**) L'effort dans des espaces de temps très-courts est immense relativement à la masse des volatiles; mais la quantité de travail qu'un oiseau a produit après avoir parcouru un espace horizontal donné est, je le répète, minime relativement à sa masse.

dans laquelle Tm sera une fonction d'une ou plusieurs variables et Tr + R une fonction analogue.

Il est évident que Tm étant égal à $f(x, y\ldots)$ et Tr + R étant égal à $f'(x', y'\ldots)$, l'équation

$$f(x, y\ldots) = f'(x', y'\ldots)$$

doit toujours nous fournir, dans tous les cas, le moyen de calculer les rapports existant entre toutes les variables en général et entre chacune d'elles en particulier. Il suffira de trouver la loi de dépendance qui doit exister entre elles et de l'appliquer.

Une de ces lois existe et est très-connue, quoique très-souvent oubliée par les personnes peu versées dans la Mécanique. Quand on exprime les valeurs de Tm et de Tr en fonctions des espaces parcourus et des poids soulevés ou efforts vaincus, elle est définie par l'équation générale suivante, en supposant R = o,

$$E \times P = Tm = E' \times P' = Tr.$$

Dans ce cas, la fonction

$$f(x, y\ldots) = f(E, P)$$

et

$$f'(x', y'\ldots) = f'(E', P'),$$

d'où l'on tire

$$f(E, P) = f'(E', P').$$

E, E′ représentant les espaces que parcourent la puissance et la résistance, respectivement, et P, P′ les poids ou efforts produits par les mêmes éléments dans chaque cas possible, $f(E, P)$ nous fournira toutes les données relatives aux moteurs et $f'(E', P')$ celles qui sont en relation avec les agents du travail que l'on veut obtenir.

Or, la loi de formation des fonctions de l'équation précédente étant celle de la multiplication, si E ou P sont donnés, la $f(E, P)$ est implicitement déterminée et nous aurons

$$f(E, P) = D.$$

Les mêmes raisonnements étant applicables à la $f'(E', P')$, nous pourrons poser les quatre équations suivantes :

$$(a) \quad \begin{cases} \text{Dans le cas de E donné}\ldots\ldots\ldots & P f(E) = D = f'(E', P'), \\ \text{Dans le cas de P donné}\ldots\ldots\ldots & E f(P) = D = f'(E', P'), \\ \text{Dans le cas de E' donné}\ldots\ldots\ldots & f(E, P) = P' f'(E') = D, \\ \text{Enfin dans le cas de P' donné}\ldots & f(E, P) = E' f'(P') = D. \end{cases}$$

Ces quatre équations ou leurs dérivées, si générales qu'elles soient, nous démontrent la possibilité absolue de trouver un résultat voulu par rapport à une quelconque des quatre variables E, P, E′, P′, quand, l'équation subsistant, *une seule* d'entre elles est déterminée à l'avance par les conditions spéciales de chaque cas particulier. Par leur forme tout à fait générale, leur importance croit quand il s'agit, toutes les autres circonstances égales, de trouver la meilleure disposition, forme, etc., à donner aux moteurs, et la manière d'utiliser cette forme ou disposition, lorsqu'elle est donnée, vis-à-vis des conditions auxquelles est assujetti l'agent du travail que l'on veut produire. Une équation générale ne donne pas la solution définitive d'un problème, mais elle résume tous les cas possibles prévus et imprévus, elle les fait connaitre d'une manière absolue et par conséquent certaine.

J'insiste sur ce point, parce que, comme je le ferai remarquer plus tard, la cause principale des erreurs et des fausses conséquences obtenues jusqu'à présent par la plupart de ceux qui se sont occupés de l'aviation provient du point de vue restreint duquel ils ont envisagé la question.

Je ne discuterai pas les quatre équations que je viens de poser : cela m'entrainerait à des considérations très-intéressantes, mais qui ne sont pas indispensables à la démonstration que je me propose de faire. Je me bornerai à étudier l'équation

$$D = E' f'(P'),$$

dans laquelle E' est fonction de P', c'est-à-dire dépendant de la loi de formation de P'. C'est le cas précisément de l'aviation.

IV.

Je suppose un moteur tel, qu'il soit capable de produire un travail $Tm = D$ qui peut s'obtenir quelle que soit la valeur de E ou celle de P, pourvu que l'équation $f(E, P) = D$ subsiste.

Ce moteur étant donné, je vais calculer quel travail il doit produire pour élever un corps P' en utilisant les divers effets qu'on peut obtenir de l'action sur l'air au moyen d'un instrument, mécanisme ou système quelconque.

Je suppose d'abord que nous voulons utiliser la résistance qu'offre l'air quand une surface plane S est en mouvement avec une vitesse V, et formant un angle α avec la perpendiculaire à la direction du mouvement.

Dans ce cas, la résistance qu'opposera l'air à la surface S sera

$$KV^2 S \cos\alpha,$$

K étant un coefficient déterminé pratiquement, et l'équation

$$D = Tm = E' f'(P')$$

deviendra

$$Tm = E' f'(KV^2 S \cos\alpha).$$

Des équations précédentes on tire

$$E'f'(P') = E'f'(KV^2 S \cos\alpha),$$

et par conséquent

$$f'(P') = f(KV^2 S \cos\alpha)$$

et

$$P' = KV^2 S \cos\alpha.$$

Cette équation nous apprend que la surface S étant donnée, l'égalité ne peut subsister qu'à la condition d'obtenir une vitesse V, ou, en d'autres termes, que la résistance de l'air, que le *point d'appui* dans l'air n'existe de manière à obtenir un effet utile, que quand nous produirons une vitesse V.

L'équation

$$P' = KV^2 S \cos\alpha$$

est la condition *sine quâ non* du *point d'appui* dans l'air quand on utilise la résistance qu'offre ce fluide à une surface plane en mouvement.

E' étant fonction de P', il s'ensuit qu'elle dépend de V, variable de la fonction. D'autre part, la vitesse V ne pouvant se produire sans la condition $V = E$, l'équation générale

$$D = E'f'(P')$$

devient

$$D = Tm = VKV^2 S \cos\alpha,$$
$$Tm = KV^3 S \cos\alpha,$$

équation de l'équilibre dans les airs d'une surface plane en mouvement.

Si nous supposons que la surface S est normale à la direction du mouvement, alors $\cos\alpha = 1$ et l'équation précédente devient

$$Tm = KV^3 S.$$

En tirant la valeur de V dans l'équation $P' = KV^2 S$, et en la substituant dans la précédente, on trouve

$$Tm^{kgm} = \frac{P'}{\sqrt{K}} \sqrt{\frac{P'}{S}} \text{ en kilogrammètres}$$

et

$$Tm^{ch} = \frac{P'}{75\sqrt{K}} \sqrt{\frac{P'}{S}} \text{ en chevaux-vapeur.}$$

Équation qui nous donnera toujours la valeur de T en fonction du poids que l'on voudra équilibrer et de la surface du plan en mouvement.

Si nous supposons $S = 1$ mètre et $Tm = 1$ cheval, l'équation précédente devient

$$1 = \frac{P}{30}\sqrt{\frac{P}{1}} = \frac{P\sqrt{P}}{30} = \frac{P^3}{900},$$

et par conséquent

$$P = \sqrt[3]{900} = 10 \text{ kilogrammes approximativement,}$$

ce qui nous dit qu'en disposant de la force d'un cheval-vapeur que nous utiliserions à produire une résistance de l'air contre une surface plane d'un mètre carré frappant normalement ce fluide avec une vitesse V, nous ne pourrions équilibrer ou soutenir dans les airs que 9 à 10 kilogrammes.

Or, si

$$PV = Tm = 75 \text{ kilogrammètres,}$$

P étant 10 kilogrammes, nous trouvons que

$$V = 7{,}5 \text{ mètres par seconde.}$$

Ces résultats ne sont pas très-encourageants, mais remarquons d'abord que si nous faisons S très-grand par rapport à V, la valeur de Tm décroitra très-sensiblement, ce qui nous prouve les avantages que présentent les grandes surfaces en mouvement au point de vue de la force motrice à dépenser.

D'autre part, il ne faut pas oublier que le but de l'aviation n'est pas de se soutenir dans les airs, mais de s'y mouvoir. Or, si nous appliquions les formules exactes que je viens de poser aux oiseaux, aux insectes, aux *croacères* surtout, les résultats que nous obtiendrions seraient tout à fait absurdes, et pourtant les résultats que le calcul vient de nous donner sont rigoureux. A quoi attribuer ce désaccord? A la nature? non. A une fausse interprétation de ses lois? oui.

A-t-on vu jamais un oiseau dont le vol soit immobile dans l'air? non. Pourquoi? parce que le vol immobile exige une dépense de force énorme que l'oiseau ne possède que dans un instant donné.

Et cependant cet oiseau, l'hirondelle, par exemple, qui ne peut pas même demeurer immobile quelques secondes, restera plusieurs heures en mouvement dans les airs, en franchissant des distances immenses.

C'est que la condition du vol est le mouvement, de même que la condition du travail est l'espace parcouru. En effet, si nous étudions ce qui se passe quand une masse est fixe dans l'air et son poids équilibré par les moyens qu'on peut supposer, nous remarquerons, d'une part, que l'action de la gravité étant égale à celle produite par la puissance, le travail du moteur est à chaque instant détruit par celui engendré par la pesanteur, et que par conséquent il doit être constamment le même; d'autre part, que l'action de la pesanteur étant détruite, nous pouvons dire que le poids P de la masse M est nul, et que par conséquent dans un milieu peu résistant, avec une force *infiniment petite*, nous pouvons produire une vitesse relativement énorme.

Or, ne nous contentons pas d'équilibrer la masse M et supposons-la douée d'une vitesse W. Cette masse possédera alors une quantité de force vive égale à

$$MW^2.$$

Cette force vive représente un travail égal à

$$\frac{1}{2} MW^2 = t,$$

qui, en l'exprimant en fonction d'un poids P′, est égal à

$$\frac{P' W^2}{2 W} = t.$$

Des deux équations précédentes on tire celle-ci

$$\frac{1}{2} MW^2 = \frac{P' W^2}{2 W}$$

et

$$P' = \frac{MW^2}{W^2} = MW,$$

ce qui nous apprend qu'une masse M étant douée d'une vitesse W, son poids est — MW quand l'action de la pesanteur est nulle.

Or, supposons que quand la masse M possède une vitesse W, la force motrice qui équilibrait celle de la gravité n'agisse plus pendant un espace de temps infiniment petit; il est évident qu'à ce moment le poids de la masse M sera égal au poids $Mg = P$ moins le poids $P' = MW$, et par conséquent

$$P = (P - P').$$

Le travail donc qu'il faudra développer pour élever la masse M avec une vitesse W sera donné par la formule

$$Tm = P \frac{1}{\sqrt{K}} \sqrt{\frac{P}{S}}.$$

Substituant la valeur de P dans cette équation, on trouve

$$Tm = \frac{P - P'}{\sqrt{K}} \sqrt{\frac{P - P'}{S}} = \frac{P - MW}{\sqrt{K}} \sqrt{\frac{P - MW}{S}}.$$

C'est l'équation qui nous donne le *travail nécessaire pour élever une masse douée d'une vitesse* W.

Si dans cette équation nous supposons $W = g$, c'est-à-dire si nous supposons la masse douée d'une vitesse égale à celle de la gravité, nous trouverons $Tm = 0$.

Ce qui nous dit que si une masse M possédait une vitesse égale, mais en sens contraire de celle de la gravité, sans aucun autre travail que celui développé par la force vive qu'elle contiendrait, elle se soutiendrait en l'air.

Si nous supposions $W > g$, la valeur de Tm serait négative, mais *réelle;* ce qui veut dire qu'une masse M douée d'une vitesse W plus grande que celle due à la gravité g, possède en elle-même un travail effectif quoiqu'en sens contraire de celui engendré par la gravité.

Or, si l'inégalité précédente existe parce que nous supposons que la vitesse W de la masse M est celle de g plus une quantité infiniment petite de g, la valeur de T sera, en substituant dans l'équation que l'on discute l'équivalent de W, $g + dg$,

$$T m = \frac{P - [M(g + dg)]}{\sqrt{K}} \sqrt{\frac{P - [M(g + dg)]}{S}}$$

$$= \frac{P - Mg + Mdg}{\sqrt{K}} \sqrt{\frac{P - (Mg + Mdg)}{S}} = \frac{-Mdg}{\sqrt{K}} \sqrt{\frac{-Mdg}{S}},$$

d'où

$$- Tm = \frac{Mdg}{\sqrt{K}} \sqrt{\frac{Mdg}{S}}.$$

Le second membre de cette équation étant d'une valeur infiniment petite, $-Tm$ doit être $= -d.Tm$ pour que l'égalité ne soit pas absurde, c'est-à-dire que le travail $-Tm$ est *infiniment petit* dans ce cas, mais *réel*, quand son signe est contraire à celui de g. Ce résultat doit nous rassurer.

Il faut observer pourtant qu'une masse en mouvement dans l'air en éprouve une résistance proportionnelle à sa surface et au carré de la vitesse.

En représentant par K' un coefficient qui dépend de la nature de la surface, par K_1 un coefficient donné par la relation entre le travail moteur et le travail résistant, par S' la surface, la résistance qu'oppose l'air au mouvement de la masse M douée de la vitesse $g + dg$ sera

$$K'(g + dg)^2 S',$$

et le travail, pour vaincre cette résistance,

$$K_1 T'm = [K'(g + dg)^2 S'(g + dg)]K_1 = [K'(g + dg)^3 S']K_1.$$

Le travail total pour que la masse M possède la quantité de mouvement $M(g + dg)$

sera donc

$$\mathrm{T}m = \mathrm{K_1 T'}m\, t(-d\mathrm{T}m) = \frac{\mathrm{M}\,dg}{\sqrt{\mathrm{K}}}\sqrt{\frac{\mathrm{M}\,dg}{\mathrm{S}}} + [\mathrm{K'}(g+dg)^3\mathrm{S'}]\mathrm{K_1},$$

équation qui nous donnera la valeur du travail nécessaire pour élever une masse douée d'une vitesse $(g + dg)$ en tenant compte des résistances passives.

Or, dans l'équation précédente, nous pouvons sans *erreur sensible* supposer $d\mathrm{T}m = \mathrm{o}$ et elle se convertit en

$$\mathrm{T}m = \mathrm{K_1 T'}m\,[\mathrm{K'}(g+dg)^3\mathrm{S'}]\mathrm{K_1},$$

et, sans erreurs sensibles aussi,

(D) $$\mathrm{KT'}m = \mathrm{K_1}(\mathrm{K'}g^3\mathrm{S'}) = \mathrm{T}m.$$

C'est l'équation du *mouvement vertical dans l'air d'une masse* M *douée d'une vitesse égale à celle de la gravité*.

Cette équation est de la plus grande importance; elle est la *clef* pour ainsi dire de l'aviation, elle démontre la possibilité et la facilité de la réaliser; elle nous apprend que : *Le travail nécessaire pour élever une masse* M *douée d'une vitesse* g, *ou son poids* P $=$ M$(g-g)$, *n'est que le travail nécessaire pour vaincre la résistance de l'air, et ce travail est indépendant de la masse, et par conséquent du poids que l'on veut élever; il dépend de la surface du corps élevé et de sa forme, et finalement d'un coefficient* K₁ *exprimant le rapport du travail moteur au travail résistant.*

En tirant la valeur de Tm de la formule précédente, on a

$$\mathrm{T}m = \frac{\mathrm{T}m}{\mathrm{K_1}}.$$

La valeur de Tm étant

$$\mathrm{T}m = \mathrm{KV^3S},$$

et celle de T'm étant

$$\mathrm{T'}m = \mathrm{K'}g^3\mathrm{S'},$$

la relation entre le travail moteur Tm et le travail résistant T'm sera

$$\frac{\mathrm{T}m}{\mathrm{T'}m} = \frac{\mathrm{KV^3S}}{\mathrm{K'}g^3\mathrm{S'}}$$

et

$$\mathrm{T}m = \mathrm{T'}m\,\frac{\mathrm{KV^3S}}{\mathrm{K}\,g^3\mathrm{S'}}.$$

Le coefficient K₁ sera donc

$$\mathrm{K_1} = \frac{\mathrm{KV^3S}}{\mathrm{K'}\,g^3\mathrm{S'}};$$

substituant cette valeur de K_1 dans l'équation trouvée

$$T'm = \frac{Tm}{K_1},$$

on a

$$T'm = \frac{Tm}{\dfrac{KV^3S}{K'g^3S'}} = Tm\,\frac{K'g^3S'}{KV^3S}.$$

Dans le cas de l'uniformité du mouvement de la masse M, c'est-à-dire dans le cas de l'équilibre dynamique, le travail moteur Tm devant être égal au travail résistant $T'm$, l'équation à la condition de laquelle cette égalité pourra exister sera

$$KV^3S = K'S'g^3.$$

En représentant par T_1m cette valeur de Tm, on a

$$T_1m = K'S'g^3.$$

De cette équation et de la précédente on tire

$$T_1m\,KV^3S = K'g^3S' \times K'g^3S',$$

d'où

$$T_1m = K'g^3S'\,\frac{K'g^3S'}{KV^3S},$$

ou bien, en se rappelant que

$$T'm = K'g^3S',$$

(D′)
$$T_1m = T'm\,\frac{K'g^3S'}{KV^3S},$$

équation qui nous donnera la valeur de Tm quand la vitesse de la masse M sera uniforme et égale à g.

Si nous voulons généraliser l'expression de Tm, nous n'avons qu'à remplacer par g la valeur générale W, et nous aurons

$$Tm = Tr\,\frac{K'W^3S'}{KV^3S}.$$

Cette équation nous donnera la quantité du travail moteur Tm à dépenser pour obtenir une vitesse quelconque W.

De cette équation on tire les conséquences les plus importantes. Je me bornerai à en annoncer les principales.

Le coefficient K' dépendant de la forme de la surface S', pour une même valeur de KV^3S la vitesse de la masse M sera d'autant plus grande que K' sera plus petit.

Le travail dépensé étant proportionnel au cube de la vitesse V, ce travail sera d'autant plus petit que K sera plus grand.

Pour une même valeur de K′, la vitesse W sera d'autant plus grande que S′ sera plus petit.

Pour une même valeur de K, la vitesse V et par conséquent le travail Tm sera d'autant plus petit que S sera plus grand.

Nous nous placerons donc dans les conditions les plus favorables, quand la relation $\dfrac{K'S'}{KS}$ sera la plus petite possible et quand la relation $\dfrac{W^2}{V^2}$ sera la plus grande possible, le coefficient $K_1 = \dfrac{K'W^2S'}{KV^2S}$ étant égal à l'unité.

Pour réaliser notre but, nous n'aurons qu'à poser l'égalité

$$\frac{K'W^2S'}{KV^2S} = 1,$$

et en tirer les conclusions suivantes :

$$(C) \quad \begin{cases} K = \dfrac{K'W^2S'}{V^2S}, \\[2ex] V^2 = \dfrac{K'W^2S'}{KS}, \\[2ex] S = \dfrac{K'W^2S'}{KV^2}, \\[2ex] K' = \dfrac{KV^2S}{W^2S'}, \\[2ex] W^2 = \dfrac{KV^2S}{K'S'}, \\[2ex] S' = \dfrac{KV^2S}{K'W^2}. \end{cases}$$

Il m'est pour le moment impossible d'entrer dans l'examen minutieux des relations que je viens de poser, malgré tout l'intérêt qu'offriraient les conséquences qu'on peut en tirer; mais il suffit de les examiner un peu attentivement pour acquérir la conviction que *théoriquement*, le facteur $K'W^2S'$ des trois premières étant donné, on peut toujours trouver une forme de surface S telle, que K soit *très-grand* et par conséquent V^3 et Tm relativement *très-petits*. Réciproquement, le facteur KV^2S étant donné, on conçoit que l'on pourra trouver une surface S′ telle, que K′ soit très-petit, ce qui nous donnera pour une même valeur de Tm une vitesse W très-grande par rapport à la force motrice employée.

Je ferai remarquer que les valeurs de S et S′, de K et K′ ne seront pas toujours très-faciles à trouver analytiquement, mais les expériences pratiques nous les donneront d'une manière très-simple et assez sûre.

Dans le cas d'une surface plane se mouvant normalement à la direction du mouvement, employée à faire mouvoir une masse opposant à ce mouvement une surface plane égale à la première, dans la relation $\dfrac{K'W'^3S'}{KV'^3S} = 1$,

on a

$$K'S' = KS,$$

et par conséquent

$$W^3 = V^3,$$

ce qui devait être.

Si au lieu de supposer S′ une surface plane, nous la supposons conique, la valeur de K′ peut être réduite à quelques centièmes, à 0,02 par exemple (*).

Soit une masse, un aéronef, par exemple, pesant 5000 kilogrammes; supposons $S' = 2$ mètres carrés et $W = 20$ mètres par seconde. La valeur de T_i sera, dans l'hypothèse de $K' = 0,02$,

$$T' = K'W^3S' = 0,02 \times 20^3 \times 2 = 320 \text{ kilogrammètres}$$

et en chevaux-vapeur $= \dfrac{320}{75} = 4,3$ approximativement.

Si nous supposons $K_i = 1,5$, ce qui n'est pas impossible, la valeur de Tm serait

$$Tm^{\text{ch}} = 4,3 \times 1,5 = 6,45,$$

c'est-à-dire qu'avec 6,45 chevaux de force, on pourrait faire parcourir à une masse de 5000 kilogrammes équilibrée mécaniquement et dans les conditions supposées, 20 mètres par seconde et $20 \times 60 = 1200$ mètres par minute, et $1200 \times 60 = 72000$ mètres, soit 72 *kilomètres, à l'heure et en ligne droite.*

Si le lecteur veut bien se pénétrer des résultats que nous venons d'obtenir, il reconnaîtra avec satisfaction que la théorie, loin de nous démontrer que l'aviation soit un problème absurde, comme on l'a dit, nous prouve au contraire que c'est une affaire de technologie, un progrès aussi facile à réaliser que tous ceux que l'industrie a obtenus depuis le commencement du siècle, une conquête qui devrait être enlevée avec une merveilleuse promptitude, en raison de l'accélération du mouvement scientifique et industriel qui semble être le caractère de notre siècle comparé aux siècles précédents.

(*) Je crois que les expériences faites sur ce sujet laissent beaucoup à désirer : celles qu'on a faites sur les bateaux à vapeur me conduisent à admettre jusqu'à meilleure expérimentation la valeur K = 0,02.

DEUXIÈME PARTIE.

I.

Dans ce qui précède, j'ai envisagé le grand problème de la locomotion aérienne au point de vue *général* de sa possibilité vis-à-vis des principes *absolument vrais* de l'analyse mathématique.

Je me propose dans ce qui va suivre, et à l'aide de raisonnements puisés dans la science et confirmés par l'observation des faits, de démontrer que l'aviation est aujourd'hui non-seulement un fait possible, mais aussi une conquête que l'humanité pourra réaliser quand elle voudra.

Pour cela, il s'agit tout simplement d'oublier pour le moment cette terre dont la solidité nous force à *traîner lentement* notre corps, ce sol où nous rampons, et de lever les yeux vers les espaces peuplés d'êtres qui *volent*.

Voler, ce n'est pas marcher. — Voilà ce à quoi n'ont pas pensé les calculateurs qui ont assimilé la marche au vol. S'ils avaient réfléchi au problème de l'aviation, en regardant ce ciel bleu de tous côtés, sans ombres, sans obstacles, sans précipices, qui partout nous offre son hospitalité, plus haut, plus bas, à droite, à gauche, dans toutes les directions imaginables, ils auraient bientôt compris que ce qui est difficile, c'est de s'élever et de quitter le sol que l'homme est habitué à fouler, mais que se balancer doucement dans l'air ou s'y lancer presque avec la vitesse du projectile est un problème bien plus facile à réaliser que de dompter la mer et d'aplanir les montagnes, merveilles que l'homme a su déjà réaliser. C'est précisément à leur vitesse prodigieuse que les oiseaux doivent leur faculté de se transporter à de grandes distances sans produire l'énorme travail que l'on a supposé, travail qui, je l'avoue, confondrait ma raison et me ferait considérer ces êtres-là comme appartenant à une série sans rapport avec tous les êtres créés qu'il est donné à l'homme de connaître.

Les oiseaux sont organisés d'une façon toute spéciale, mais leur principe vital a une cause commune à tous les êtres organisés; ils sont par le fait assujettis aux mêmes lois et ils en subissent les mêmes conséquences.

Comment donc s'expliquer le désaccord qui existe entre certains résultats obtenus à l'aide des formules mathématiques et ceux de l'observation raisonnée? Ces formules, qui prétendent faire de l'aviation une autre pierre philosophale, sont-elles vraies? sont-elles fausses? La raison et la science ne seraient-elles pas d'accord?

II.

A toutes ces questions je commencerai par répondre que l'on a fait des calculs très-beaux et très-exacts, mais dans lesquels on a négligé par trop l'analyse sur laquelle doit se baser tout problème que l'on cherche à résoudre d'une manière exacte. Tous ces calculs ont été faits d'après ce qui se passe à la surface de la terre, et c'est ainsi qu'au lieu de nous donner des résultats conformes à la raison et à la vérité, ils ont déplacé la question et nous ont fait perdre la voie dans laquelle le raisonnement devait nous conduire. Les lois mécaniques sont les mêmes dans l'air que sur la terre, c'est indubitable; mais, de même que la *forme* a une importance capitale dans l'outil qui sert à limer ou à tarauder, que, *sans elle*, on dépenserait un travail énorme pour parvenir à dégager la plus petite parcelle de matière, de même, si, au lieu de *voler*, on voulait nous faire *marcher* dans les airs, on risquerait d'obtenir le même résultat qu'un manœuvre qui pour transporter une charrette voudrait la charger sur son dos, ou qui prétendrait couper une poutre de fer à l'aide de pinces plates.

Il est bien certain que si l'on veut faire dans les airs ce que l'on fait à terre, le problème qu'on se pose est ardu, absurde même. Il ne faut pas vouloir dépasser la nature dans ce qu'elle a fait de plus bizarre peut-être : le vol de l'oiseau, ce phénomène dont on s'est tant occupé sans en avoir encore pénétré le mystère.

Prouvons d'abord que ce mystère est loin d'être impénétrable pour quiconque veut remonter des faits observés aux véritables causes qui les ont produits, en s'aidant des formules mécaniques *universellement* exactes.

Quand l'oiseau prend son vol, il commence par se lancer en l'air au moyen de l'impulsion que ses pattes appuyant sur le sol communiquent à son corps. Si l'oiseau se trouve placé à une certaine hauteur, il se laisse tomber tout simplement, sûr qu'il est de ne pas rencontrer d'obstacles qu'il ne puisse éviter très-aisément.

L'oiseau n'est donc pas autre chose qu'une masse M organisée d'une façon spéciale, laquelle, dans le premier cas et à un instant donné, possède une force vive MW, en sens contraire de celle de la gravité et en rapport avec l'impulsion reçue, et dans le second cas acquiert, par la gravité et dans le sens de cette gravité, une force vive qu'on peut représenter au bout d'un temps t par la formule

$$M \overline{g t}^2.$$

Examinons d'abord le premier cas.

Si l'on se rappelle l'équation générale (*voyez* p. 9)

$$T m = \frac{P - MW}{\sqrt{K}} \sqrt{\frac{P - MW}{S}},$$

qui donne la quantité de travail nécessaire pour équilibrer pendant une seconde une masse M douée d'une vitesse W, on comprendra bien aisément l'utilité, et dans quelques espèces d'oiseaux la nécessité même, de cette première impulsion pour commencer le vol.

En effet, j'ai fait remarquer que quand on supposait dans l'équation précédente W = g, la valeur de T était o.

Or, c'est précisément ce que sent très-bien l'oiseau, et il profite des moments précieux pendant lesquels l'impulsion agit sur son corps, pour frapper l'air de ses ailes et s'élever sans beaucoup d'effort à une hauteur plus ou moins grande, selon la famille à laquelle il appartient. Ces quelques mètres auxquels il s'élève sont toute la difficulté de son vol : empêchez l'oiseau de se servir de ses pattes pour se donner cette première impulsion, il ne volera pas.

Pour suivre maintenant l'oiseau dans sa course effrénée au milieu des airs, il faut avant tout faire remarquer que son organisme est composé de deux parties essentiellement distinctes l'une de l'autre, le corps proprement dit et les ailes : le corps, d'une masse considérable ; les ailes, d'une légèreté extrême en même temps que d'une grande solidité et d'une grande élasticité ; le corps, destiné à produire une force vive toujours considérable, parce que la *vitesse doit* l'être toujours ; les ailes, disposées pour recevoir et utiliser convenablement cette force ; le corps et les ailes, présentant des surfaces extrêmement polies et recouvertes d'une substance très-glissante.

La combinaison et l'utilisation convenable de ces deux éléments permettent à l'oiseau de voler.

Il ne s'agit pas de produire de grands travails (*), pas même d'efforts considérables, il s'agit tout simplement de *savoir* voler ; il s'agit de bien utiliser le travail que peut *toujours* produire une masse M placée à une hauteur H ; il s'agit, en un mot, de laisser à la gravité elle-même le soin de soutenir dans les airs cette masse, puisque l'air, cet immense ressort, est toujours prêt à s'opposer au mouvement, quel que soit l'agent qui le produise, dans le sens perpendiculaire à celui de la surface en mouvement.

Observons le moment où la vitesse due à l'impulsion est anéantie par la force de la gravité ; cette dernière force commence à attirer la masse de l'oiseau vers le sol où elle va se briser, si l'instinct dont cet être est animé ne lui apprend pas à profiter des lois universelles de la nature pour retrouver et utiliser tout le travail qu'il a dépensé en élevant sa masse M à la hauteur H.

L'oiseau a une confiance sans borne dans la manœuvre qu'il doit exécuter ; il laisse aller son corps en le disposant de telle sorte qu'il soit *très-lourd*, c'est-à-dire qu'il

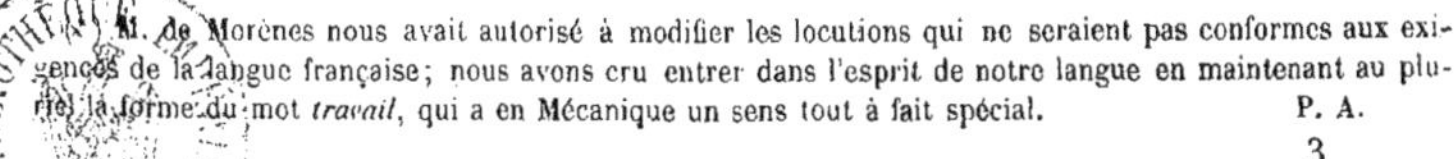

(*) M. de Morènes nous avait autorisé à modifier les locutions qui ne seraient pas conformes aux exigences de la langue française ; nous avons cru entrer dans l'esprit de notre langue en maintenant au pluriel la forme du mot *travail*, qui a en Mécanique un sens tout à fait spécial.   P. A.

3

présente le moins de surface possible à l'action de l'air, et bien souvent même il augmente sa vitesse de chute, surtout au commencement du mouvement, à l'aide de quelques coups d'ailes. L'instant où la force d'impulsion est équilibrée par la force de la gravité est précisément le second cas dont j'ai parlé, celui où l'oiseau se trouve placé à une hauteur H pour commencer son vol.

Pour mieux comprendre les raisonnements suivants, supposons l'oiseau réduit à ses éléments essentiels. Soient (*fig.* 1) R, R deux plans résistants d'une surface S, les ailes, et M une masse dont le poids est P, le corps de l'oiseau.

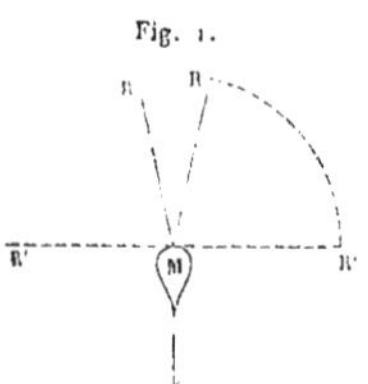

D'après ce que je viens de dire, le système descendra de la hauteur H à laquelle on le suppose placé, et à un moment voulu, après un temps t, il possédera une vitesse exprimée par l'équation

$$V = gt\ (^*).$$

la force vive due à cette vitesse sera

$$MV^2 = Mg^2 t^2.$$

Si à ce moment les plans R, R prennent la position R'R' (*fig.* 1) perpendiculaire à la direction du mouvement, qu'arrivera-t-il?

Il est évident que la vitesse du système étant gt, l'air frappera la surface S des plans R'R' avec cette même vitesse, et produira une résistance en sens contraire de celle qui anime le système et représentée par $KSg^2 t^2$. En égalant l'expression de cette résistance à celle que l'on vient de trouver pour la force vive, on a

$$Mg^2 t^2 = KSg^2 t^2,$$

équation qui subsistera si

$$KS = M,$$

ce qui revient à

$$S = \frac{M}{K},$$

(*) Je suppose, pour plus de simplicité, que l'oiseau ou le système ne sont influencés que par la force de la gravité. Je suppose également que la résistance de l'air est négligeable, ce qui n'est pas exagéré si le système est bien disposé et dans les conditions tout à fait favorables dans lesquelles se trouvent les oiseaux.

soit

$$S = \frac{P}{g\,K}.$$

Cette valeur de S, étant indépendante de t et de V, nous apprend que, *à un mo-ment quelconque du mouvement d'une masse* M *tombant d'une hauteur* H, *si grande que soit sa vitesse, la résistance de l'air est suffisante pour l'équilibrer* (pour l'arrêter), *pourvu qu'elle soit munie d'une surface égale à son poids* P *divisée par l'accéléra-tion g et le coefficient* K.

Sans erreur sensible et pour donner une règle pratique, on peut admettre que le produit gK $= 5$. Si d'autre part on considère le moment $t = 1$, ce qui équivaut à une vitesse V égale à celle due à la gravité au bout de la première seconde, on peut conclure que :

Si la surface d'une masse (plan résistant) *est égale au cinquième de son poids, la plus grande vitesse qu'elle peut acquérir dans le sens de la gravité n'est jamais supé-rieure à celle d'un corps tombant librement d'une hauteur d'environ* 10 *mètres.*

C'est précisément la relation $\frac{P}{5}$ que j'ai observée dans les oiseaux les mieux bâtis, et, on le voit bien, les lois de la mécanique nous conduisent déjà, pour les *aéronefs*, à établir le même rapport entre le poids et les plans résistants que celui qui existe dans la nature entre le corps et les ailes des oiseaux. La hauteur de 10 mètres étant trop peu considérable pour produire un grave accident, je conseille l'adoption de ce rapport comme limite inférieure.

Cette condition remplie, supposons que le centre de gravité de la masse M ne coïncide pas avec le centre d'action de la résistance, ce qui se passe chez les oiseaux. Dans ce cas, quand les plans R, R prendront la position R'R', le système sera soumis à deux forces parallèles K, K' (*fig.* 2), agissant en sens contraire l'une de l'autre,

Fig. 2.

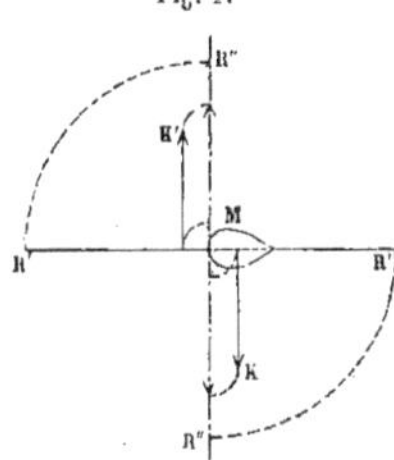

d'égale intensité, et dont le point d'application n'est pas dans la même ligne droite. Il est évident que le système tournera autour du centre de giration placé, dans le moment que l'on considère, au milieu de la ligne droite qui unit les deux points d'application des forces K, K', et il tournera jusqu'à ce que ces deux points d'ap-

3.

plication coïncident entre eux. Si, comme l'indique la *fig*. 2, la surface résistante peut se projeter selon la ligne droite R'R', le système prendra la position R″R″, et il descendra verticalement et avec la vitesse toujours croissante due à la force de la gravité g. Deux moyens se présentent d'éviter une chute terrible (*) : on peut placer le centre de gravité très-bas (*fig*. 3) en le fixant invariablement aux plans R, R,

Fig. 3.

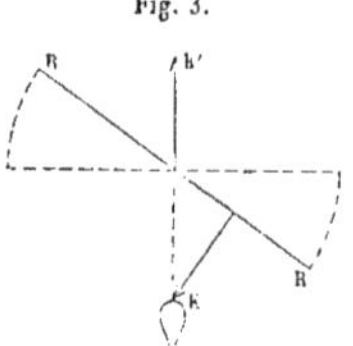

ou bien donner aux surfaces des plans R, R une forme spéciale, par exemple celle de la *fig*. 4. Dans le premier cas, la théorie des *moments* des forces par rapport à

Fig. 4.

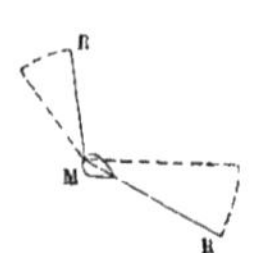

un centre de giration démontre que les plans R, R prendront la position indiquée dans la *fig*. 3 par la ligne pleine; dans le second cas, l'introduction d'une nouvelle force. qui donnera une composante perpendiculaire en RM (*fig*. 4), maintiendra le système dans la position indiquée par la ligne pleine.

On peut combiner les deux moyens que je viens d'indiquer, et la nature aussi bien que la science nous apprennent que c'est là ce qu'il faut faire; l'air frappant toujours normalememt les surfaces des plans R, R, une décomposition de force aura lieu, une partie de la résistance de l'air s'opposera à la force de la gravité, et l'autre partie communiquera une vitesse horizontale, laquelle, combinée avec la vitesse verticale du système, produira une vitesse en intensité et direction égale à la diagonale *ll* (*fig*. 5).

Si l'on suppose la projection R'R' des plans RR égale à la surface S, le système décrira, non plus la ligne droite verticale, mais une ligne courbe dont les coordon-

---

(*) Il m'est impossible de développer la théorie des centres de giration, variables selon la forme des surfaces R, R et la position du centre de gravité : cette étude, quoique très-importante, surtout au point de vue de la stabilité des systèmes d'aéronefs de diverses formes, ne peut être convenablement traitée que dans un travail complet sur l'aviation.

nées seront représentées par

$$x = Ct, \quad C = \text{const.},$$

$$y = \sqrt{K' \sin \alpha^2 - x^2},$$

et il glissera le long d'un plan incliné ll' avec une vitesse toujours croissante et proportionnelle à l'intensité de la force ll. Si pour plus de simplicité on suppose

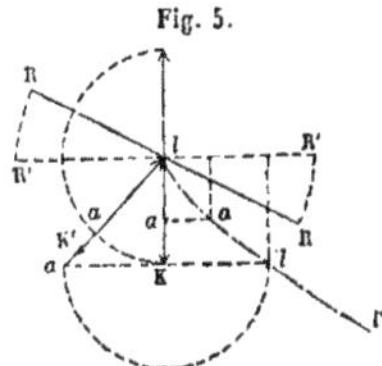

Fig. 5.

la ligne courbe lll' une ligne droite, d'après la théorie des plans inclinés, la vitesse v, que possédera le système après le temps t, sera, si K'' représente l'accélération,

$$v = K'' \sin \alpha \, t.$$

L'espace parcouru dans ce temps t sera

$$\varepsilon = \frac{1}{2} K'' \sin \alpha \, t^2.$$

Supposant que l'espace parcouru dans ce temps soit la totalité de la longueur l, on aura

$$\varepsilon = l,$$

et, par conséquent,

$$l = \frac{1}{2} K'' \sin \alpha \, t^2,$$

d'où

$$t = \sqrt{\frac{2l}{K'' \sin \alpha}};$$

éliminant t entre cette équation et celle qui nous donne l'expression de v, on a

$$v = K'' \sin \alpha \sqrt{\frac{2l}{K'' \sin \alpha}} = \sqrt{2 K'' l \sin \alpha}.$$

Le produit $l \sin \alpha$ n'étant autre chose que l'expression qui nous donne la hauteur de laquelle est descendu le système, si on la représente par H et qu'on substitue, on a

$$v = \sqrt{2 K'' H}.$$

D'un autre côté, en se rappelant que dans l'instant considéré la force vive du système sera

$$M v^2 = \frac{P v^2}{g},$$

ce qui représente un travail $\dfrac{P v^2}{2g}$, substituant à v sa valeur, ce travail τ sera donné par l'équation

$$\tau = \frac{P \times 2 K'' H}{2g} = \frac{PHK''}{g} = PH \frac{K''}{g}.$$

Si dans cette expression on suppose $K'' < g$, elle nous dit que : *Quand le système sera descendu de la hauteur H, il possédera en lui-même un travail capable de l'élever à une fraction de cette hauteur.*

Si

$$K'' = g, \qquad \tau = PH,$$

le système possédera un travail capable de l'élever à la même hauteur que celle d'où il est descendu.

Finalement, si $K'' > g$, *le travail que posséderait le système pourrait l'élever à une hauteur plus grande que celle d'où il est descendu.*

Ces trois conclusions sont extrêmement importantes; en les étudiant on peut en tirer des enseignements très-utiles. Je ne ferai pas cette étude, je me bornerai au cas où l'on a la relation suivante,

$$\frac{K''}{g} = 2,$$

c'est-à-dire

$$K'' = 2g \, (*).$$

Dans cette hypothèse la valeur de τ est

$$\tau = P \times 2 H.$$

Le système devrait donc s'élever à une hauteur double, et s'y élèverait sans doute si l'air ne cédait pas, ou, ce qui revient au même, si *de* (*fig.* 6) était tout à fait rigide. Il y aura donc une perte de hauteur due à la mobilité de l'air, que l'on peut calculer très-aisément.

En effet, si dans la *fig.* 6 on suppose aa la hauteur de laquelle est tombé le système, et ad la longueur du plan incliné; d'après les principes de la chute dans l'espace des corps animés d'une vitesse horizontale, si les plans résistants R, R n'exis-

---

(*) On a supposé $S = \dfrac{P}{5}$: dans ce cas la vitesse de chute est g par seconde. Si la projection de S reste la même tout en faisant cette surface S trois fois plus grande, on a $K'' = 2g$.

taient pas, à partir du point d le système continuerait à descendre tout en décrivant l'une des paraboles dd', dd'', dd''', ..., d'autant plus allongée que la force

Fig. 6.

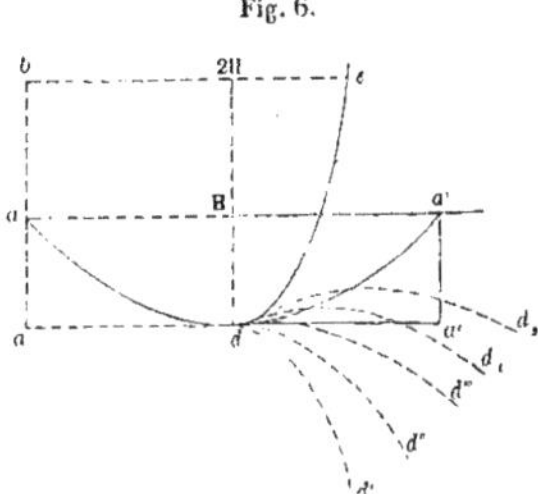

horizontale serait plus grande. Or, puisque les plans résistants existent, il est évident qu'ils doivent avoir une influence plus ou moins grande dans la direction
des trajectoires dd', dd'',..., et l'on conçoit que cette influence peut être suffisante
à faire changer de signe les ordonnées des paraboles, ou, ce qui revient au même,
à faire remonter le système; cela arrive effectivement. Cet effet commence à se produire quand la composante verticale de la résistance de l'air contre les plans résistants est supérieure à la force de la gravité d'une quantité infiniment petite.
A partir de là, le système décrit les trajectoires dd_1, dd_2,.... Quand cette ligne da'
sera-t-elle égale à la ligne da, ou bien à la longueur du plan incliné par où est
descendu le système?

Précisément, dans l'hypothèse faite : quand $K'' = 2g$.

Pour le démontrer, rappelons-nous que pendant la descente du système par le
plan incliné ad, la perte de hauteur a été par seconde égale à l'accélération g;
t étant le nombre de secondes employé pour arriver à d, il s'ensuit que la hauteur H peut être exprimée par

$$H = gt.$$

Cette perte de hauteur étant produite par la mobilité de l'air, et représentant
un travail

$$\tau' = P\,gt = PH,$$

il s'ensuit que, si, quand le système est arrivé en d, les plans R, R sont disposés de
façon que l'angle d'inclinaison sur l'horizon soit égal, mais que son cosinus soit de
signe contraire à celui de la position antérieure, il ne s'élèvera pas dans le même
temps t à une hauteur 2H, mais à la hauteur $2H - H = H$, par suite de la mobilité de l'air, qui absorbera la moitié du travail possédé par le système.

Quel est donc le travail dépensé pour soutenir en l'air une masse M équilibrée
statiquement?

Il est *énorme*. Les formules que l'on a posées jusqu'ici sont parfaitement vraies. Les lois de la mécanique sont infaillibles.

Quel est le travail nécessaire pour qu'une masse en mouvement, convenablement disposée, reste indéfiniment dans les airs?

Le travail qu'engendre la résistance de l'air, ni plus ni moins.

On le voit bien, l'accord le plus parfait existe entre la science et les lois de la nature.

III.

La loi que je viens d'établir et qui nous a découvert l'application convenable des lois de la mécanique, paraîtra sans doute exagérée à beaucoup de personnes qui ne la comprendront pas bien ou qui ne se donneront pas la peine d'examiner attentivement ses fondements. Soit, elle est exagérée, parce que l'on ne doit pas supposer qu'on puisse arriver à la perfection; mais ceci ne prouve guère qu'elle ne soit pas parfaitement *vraie;* son importance, du reste, restera toujours la même. Si par hasard quelques incrédules doutaient encore, je vais démontrer succinctement le même principe, en me fondant sur une autre base que je puise dans la nature de certaines familles de volatiles.

On se rappellera que j'ai décomposé l'oiseau en deux parties, l'une dense, l'autre tenace, légère et élastique. Jusqu'ici je n'ai pas tenu compte dans mes calculs des modifications que peuvent leur apporter les propriétés physiques de la matière. Sont-elles sans importance, ces modifications?

Pour peu que l'on ait observé le vol des oiseaux, on aura remarqué qu'ils décrivent toujours deux trajectoires, l'une à courbes raccordées (*fig.* 7), l'autre à

Fig. 7.

courbes ayant dans le point *a*, dans lequel la valeur de l'abscisse x est la plus grande (*fig.* 8), deux éléments successifs dont la prolongation est une perpendiculaire à l'horizontale.

Fig. 8.

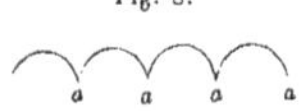

Si l'on réfléchit un peu, on reconnaîtra que la trajectoire représentée dans la *fig.* 7 est précisément celle que *doit* décrire l'oiseau, quand dans son vol il suit les plans inclinés dont on a parlé. Dans ce cas, les courbes qu'il décrit ne doivent présenter aucun point où la vitesse change brusquement de sens : on sait que dans les changements brusques de direction il y a une *perte* de force vive et par conséquent de travail.

En examinant attentivement la forme de l'autre trajectoire, on comprend bien facilement qu'aux points *a*, *a*, *a* il s'est opéré un changement brusque dans le sens du mouvement, un choc a eu lieu entre la masse de l'oiseau et la masse d'air mise en mouvement.

Qu'arrive-t-il quand un corps élastique, une boule d'ivoire, par exemple, vient frapper une surface élastique?

Si celle-ci est fixe, le corps est rappelé avec une force égale à celle qu'il possédait au moment du choc.

Or, c'est précisément là ce qui se passe dans des circonstances convenables, entre les ailes de l'oiseau et l'air. Je n'oublie pas que l'air a été choisi par nos poëtes comme type de la *mobilité*; mais s'il était possible de l'emprisonner, pour ainsi dire, les choses se passeraient vis-à-vis de l'air comme dans le cas très-connu de la boule d'ivoire et du plan de marbre.

Soient W' la vitesse d'un système tombant d'une hauteur H, les plans résistants étant parallèles au mouvement; W'' la vitesse de chute quand les plans résistants sont perpendiculaires au sens du mouvement; $M W'^2$ sera la force vive de la masse M, quand elle aura parcouru la hauteur H; $M'(W' - W'')^2$ sera la force vive qu'opposera la masse M' d'air. Qu'on mesure W'' très-petite, ou qu'elle soit très-petite par rapport à W', dans les deux hypothèses très-possibles, on aura

$$M W'^2 = M' W'^2 ;$$

W' étant commune aux deux membres de l'équation précédente, il s'ensuit que $M = M'$.

Or deux masses égales et élastiques venant se choquer avec une vitesse égale, elles se repoussent à une distance égale à celle qui a engendré leur quantité de mouvement, si une force extérieure ne s'y oppose. Dans le cas présent, la gravité empêchera la masse M de remonter à la hauteur H, et si t représente le temps nécessaire pour s'y élever, la perte de hauteur sera gt.

Or, cette perte de hauteur est d'autant plus minime que t ou que W sont, l'un plus petit, l'autre plus grand : on conçoit donc que théoriquement gt soit négligeable; dans ce cas la masse M s'élèvera à *la même* hauteur H que celle d'où elle sera descendue.

Toujours donc *le travail pour séjourner dans l'air n'est que celui engendré par sa résistance*, si l'on sait y rester (*).

(*) Pour vérifier expérimentalement mes théories, il n'y a qu'à prendre un appareil disposé ainsi :

Deux plans résistants pouvant tourner à charnière autour d'un axe qui supportera un poids P; un ressort convenablement placé entre les deux plans les ouvrira quand une ficelle qui les relie au commencement de l'expérience sera brûlée par un petit pétard, par exemple, qui éclatera à volonté après un temps plus ou moins long. Supposons-le d'une seconde, et qu'on laisse tomber l'appareil d'une hauteur plus grande que

IV.

Maintenant que le vol de l'oiseau n'est plus un mystère, essayons de nous élever dans les espaces immenses peuplés des joyeux êtres qui s'y bercent doucement en chantant les louanges d'un ciel toujours riant; osons faire une excursion à travers le royaume des aigles que bientôt nous posséderons. Là-haut nous verrons à chaque pas se confirmer les résultats auxquels nous a conduit l'analyse mathématique. La parfaite concordance que nous trouverons entre les faits qui s'y passent et les lois que nous venons d'exposer nous servira à vérifier et à démontrer les harmonieuses combinaisons que partout on observe dans la nature.

Tous les êtres qui volent peuvent se ranger en trois catégories. La première comprend ceux dont la masse est très-légère par rapport à leur volume; leur vol continu leur permet de rester fixes en un point de l'espace. Tout le monde a pu remarquer les mouches, par exemple, immobilisées pour ainsi dire dans le rayon du soleil d'octobre qui prolonge leurs courts instants de vie. Ces petits êtres, malgré leur légèreté, dépensent peut-être une somme fabuleuse de travail; mais leur organisme exposé à de si rudes épreuves est bientôt usé, ce qui sans doute a une grande influence sur la courte durée de leur existence. Je n'ai pas fait d'études très-sérieuses sur la mouche, mais le fait si remarquable que je viens de constater et que je n'ai guère observé que quand les rayons du soleil environnent ce petit être, me fait supposer (*) que la chaleur extérieure doit avoir une influence marquée sur l'agent qui alimente son vol. Cette influence peut être de nature à permettre à l'insecte de voler sans dépenser la force énorme qu'on est en droit de supposer. *Peut-être* le principe de Mongolfier avait-il été appliqué par la nature à toutes ces petites créations dont le but semble être tel, qu'elles ne puissent se transporter *par elles-mêmes* à de grandes distances, et doivent se prêter ainsi à l'accomplissement de leur mission, qui, en général, est de servir d'aliment à d'autres êtres plus puissants et plus utiles.

Je ne suis pas un partisan aveugle de ces idées, et je ne soutiens pas qu'elles soient très-exactes : je cite le fait, l'explique qui voudra. Mais ce que je tiens beaucoup à faire remarquer, c'est que dans la nature il n'y a guère, à ma connaissance, que les insectes qui puissent rester immobiles dans l'air quand ils volent, ce qui s'explique encore par la vitesse immense qu'ils communiquent à leurs ailes extrêmement tenaces et légères à la fois. Or, on sait que dans la nature, surtout

---

10 mètres : 20 mètres, je suppose. Si la relation $\frac{P}{S}$ a été bien établie ou si l'on imprime une impulsion à l'appareil, on verra la loi que j'ai trouvée tout à fait confirmée par l'expérience.

(*) Je prie le lecteur de ne pas confondre mes affirmations avec les suppositions auxquelles je donne une importance secondaire.

quand il s'agit de la matière animalisée, il n'y a pas de substances qui soient pourvues de ces deux propriétés autrement que dans des limites très-bornées. L'acier même ne serait applicable que dans des circonstances tout à fait spéciales, en des tubes creux, par exemple, d'un diamètre extrêmement petit. On conçoit cependant qu'on puisse y arriver; l'intelligence de l'homme ne surpasse pas la nature, mais elle puise en elle toutes sortes de moyens pour arriver à une perfection supérieure, en quelque sorte à celle que la création semble s'être contentée de réaliser.

Que ce soit possible ou non, il est certain que lorsqu'il s'agit d'un nouveau-né il ne faut pas prétendre qu'il commence par être parfait; oublions donc cette singularité que nous offre la nature, et contentons-nous, pour le moment, de l'imiter dans sa règle générale, c'est-à-dire dans des conditions analogues à celles de la seconde et, s'il nous est possible, de la troisième catégorie.

Les êtres qui composent ces deux catégories, ce sont les oiseaux, et ils se distinguent les uns des autres surtout par le rapport entre la surface de leurs ailes et la masse de leurs corps. Dans les premiers, celles-là sont relativement très-petites et d'une forme concave très-prononcée (*); dans les seconds, les ailes sont presque plates et très-grandes par rapport à la masse de l'oiseau.

En règle générale, ceux de la seconde catégorie ne peuvent s'envoler à de grandes distances; ceux de la troisième, au contraire, sont faits, on le reconnait bientôt, pour se transporter dans les airs à des distances énormes. Un des types de la seconde catégorie, c'est la perdrix. Le martinet, l'aigle sont des types de la troisième.

On peut remarquer que tous les petits oiseaux de la seconde catégorie sont dépourvus de ces longues pattes que l'on observe dans les grands oiseaux, ressorts puissants qui les poussent à une hauteur considérable et les placent dans des conditions convenables pour commencer leur vol.

Dans la troisième catégorie on observe que plus les ailes sont grandes, plus les pattes sont courtes, excepté dans les grands oiseaux, lesquels sont tous (à quelques exceptions près) munis de ces puissants auxiliaires. Tous indistinctement sont recouverts de plumes ou d'une substance très-élastique en même temps qu'extrêmement tenace, presque toujours enduite d'un corps onctueux insoluble dans l'eau.

Ces différences si frappantes dans l'organisation et dans la structure des oiseaux ont une influence très-marquée dans les deux manières de voler, essentiellement différentes, que l'on peut observer chez les êtres qui peuplent l'espace.

(*) Ces surfaces sont gauches. Si le jour arrive que je publie un traité sur l'aviation, j'exposerai la méthode qui m'a conduit à déterminer leur forme. J'avancerai pour le moment qu'elles sont gauches, parce que les molécules de l'air forcées à suivre les directrices des surfaces en question, parcourant dans un même temps plus d'espace, leur vitesse est plus grande, et l'effet utile est par ce moyen beaucoup plus grand.

4.

La première, celle des oiseaux appartenant à la première catégorie, est remarquable par la trajectoire à peu près parabolique (*) et à larges branches que l'oiseau décrit; la seconde, celle des oiseaux de la seconde catégorie, on la reconnaît par la trajectoire épicycloïdale à ondulations plus ou moins larges.

On reconnait, pour peu que l'on y réfléchisse, le but différent que la nature s'est proposé en donnant aux uns la faculté de *s'élever* avec une extrême facilité, aux autres les moyens de *se transporter tout en s'élevant* à des distances énormes.

Mais ce que l'on doit remarquer pour ne plus l'oublier, c'est que ni les uns ni les autres ne restent immobiles dans l'espace, c'est-à-dire que tous les oiseaux volent en décrivant des trajectoires *plus ou moins courbes,* dont la projection sur les plans des verticales est une courbe, ce qui nous enseigne que *la ligne droite horizontale a été proscrite* par la nature elle-même dans le ciel que nous voulons escalader.

L'homme pourrait-il surpasser en ceci la nature? Je doute beaucoup que personne soit en état de l'affirmer ou de le nier; cependant, *quand* on arrivera à faire des moteurs aussi légers que MM. Landur, Saveney et d'autres en réclament, la réponse ne devra plus nous préoccuper. Certes, quand nous disposerons de moteurs n'ayant que le poids de 12 kilogrammes par cheval et y compris l'approvisionnement pour une heure, *alors* je ne crains pas d'assurer que l'on pourra marcher en ligne droite; mais, en attendant que ce progrès soit accompli, s'il n'est pas impossible, contentons-nous, comme j'ai déjà dit, de faire ce que la nature a appris aux *martinets,* par exemple : volons.

Et puisque le moment est arrivé de décrire le vol des oiseaux, choisissons ce beau type de la nature, le martinet, ce petit joujou si bien taillé, ce voyageur intrépide qui, selon M. Saveney (**), porte en lui-même un moteur ne pesant pas plus de 3 kilogrammes par force de cheval, et qui cependant, même en s'appuyant contre le sol, n'a pas la force suffisante pour s'élever à quelques centimètres ! !

Supposons-le donc placé à une hauteur H; il se laisse aller en étendant tout simplement ses ailes. Point de travail dépensé. Si H est assez grande, il se laisse tomber jusqu'à ce que, au bout de quelques instants, la résistance de l'air soit suffisante pour tendre l'extrémité de ses ailes, véritables ressorts qui fourniront à chaque instant voulu le travail que la *gravité,* en utilisant la résistance de l'air, s'est chargée *elle-même* d'y accumuler. Encore *point de travail dépensé.* L'oiseau tombera donc avec une vitesse toujours croissante, et jusqu'à ce que celle-ci soit suffisante à tendre les ailes d'une force telle, que sa réaction soit capable d'équilibrer la force de la gravité. A partir de ce moment, le corps de l'oiseau descendra

---

(*) Peut-être parabolique, je ne l'ai pas encore étudiée; dans des circonstances données elle doit l'être.

(**) Auteur d'un très-sérieux article sur l'aviation publié dans la *Revue des Deux Mondes* (15 septembre 1864).

avec une vitesse uniforme, qui sera plus ou moins grande selon que S, surface des ailes, sera moins ou plus considérable. Le martinet, par exemple, tombera avec une vitesse de 2 mètres par seconde (*).

Si le centre de gravité de cet oiseau et le centre d'action de la résistance étaient dans la même ligne droite, d'après ce qui précède, *quelque grande* que fût la hauteur de laquelle il se serait laissé aller, il tomberait suivant la ligne verticale et arriverait au sol au bout d'un temps d'autant plus considérable que la vitesse de chute serait moins grande ; il se poserait à l'aide de ses pattes, véritables ressorts encore, qui amoindriraient l'effet du choc, à peu près insignifiant. C'est déjà quelque chose ; sans travail dépensé, l'oiseau s'est précipité impunément d'une hauteur immense. Mais chez les oiseaux le centre de gravité ne coïncide pas avec le centre d'action de la résistance, ce qui fait que quand le martinet se laisse aller, son corps, sollicité par deux forces en sens contraires, et dont le point d'application est différent, varie à chaque moment de position, dans le sens longitudinal, de la tête à la queue (**). C'est ainsi qu'il présente toujours la moindre surface possible dans le sens de la tangente $\frac{dy}{dx}$, à chaque moment que l'on considère, ce qui, uni à la forme conique de cette petite surface et à son poli extrême, permet à l'oiseau d'y emmagasiner une quantité considérable et même énorme de travail, si la hauteur H est très-considérable ou si S est très-grand.

La nature même s'est chargée de montrer à l'oiseau l'instant le plus favorable pour dépenser le travail dont je parle, disposant le mécanisme de l'oiseau de façon que, quand la résistance de l'air est suffisante pour équilibrer sa masse, son corps se trouve placé horizontalement ou formant avec l'horizon un angle dont le sinus a un signe positif (l'angle de 45 degrés est le plus favorable).

Ceux qui ont observé le martinet en plein air, quand aucun obstacle ne le force à dépenser ses forces inutilement, auront bien pu remarquer que les ailes de cet oiseau restent immobiles pendant qu'il décrit, avec une vitesse qui atteint quelquefois 40 mètres *par seconde*, la branche descendante de la courbe, *presque toujours* symétrique (***), et de laquelle il ne se sépare que quand une cause exté-

---

(*) Le martinet pèse 0^{kil},040. La surface S est à peu près 0^{m},1. L'équation R = KSV² nous donne, en substituant les valeurs de R = 0^{kil},040, K = 0^{m},1 et S = 0^{m},1,

$$V = \sqrt{\frac{0^{\text{kil}},040}{0^{\text{m}},1 + 0^{\text{m}},1}} = 2 \text{ mètres.}$$

(**) Je regrette de ne pouvoir entrer dans ces détails qui m'entraîneraient trop loin. Je dirai seulement que les positions successives seront données par la prolongation de la tangente $\frac{dy}{dx}$ de l'élément infiniment petit de la courbe.

(***) Il y a bien des espèces d'oiseaux presque dépourvus de queue. Que l'on remarque l'énorme longueur de leur cou, au bout duquel une masse (la tête) sert à changer le centre de gravité.

rieure le force de le faire. C'est quand son corps est horizontal, c'est-à-dire quand le centre d'action de la résistance coïncide avec le centre de gravité, qu'il modifie

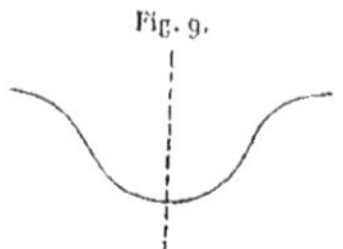

Fig. 9.

la position de ses ailes, étale sa queue, véritable gouvernail qui change le sens du mouvement de son corps et l'élève à une hauteur égale, comme on l'a vu, théoriquement parlant, à la hauteur de chute.

A-t-on vu jusqu'à présent le martinet battre les ailes?... Non. Eh bien, c'est parce qu'il n'a pas eu besoin de produire le moindre travail.

Il va sans dire que je ne prétends pas avoir trouvé le *mouvement perpétuel* dans les airs, et que le martinet, lui non plus, ne peut résoudre ce problème absurde. Encore une fois, je le répète, les grandes vitesses sont la vraie énigme du vol de l'oiseau; mais ces grandes vitesses engendrent des résistances dont on doit tenir compte. D'autre part, les obstacles que rencontre l'oiseau le forcent bien souvent à s'écarter plus ou moins des trajectoires qui facilitent son vol. Il y a donc des *moments* dans lesquels le martinet produit un *effort* très-grand, et c'est précisément pour cette raison qu'il a été organisé comme M. Saveney et d'autres l'ont fait remarquer. Chez les oiseaux, en effet, les poumons sont d'une capacité énorme, et aucune membrane ne s'oppose à leur dilatation, ce qui, sans doute, nous indique que l'oiseau est fait pour produire des *efforts* énormes. S'ensuit-il que le travail qu'il dépense pour rester en l'air un temps t soit égal à cet effort multiplié par ce temps? que cet oiseau porte en lui-même un moteur qui ne pèse que 3 *kilogrammes* par force de cheval et avec approvisionnement pour *une heure*, c'est-à-dire avec le combustible, avec le comburant, avec ses organes? En vérité je ne crois pas aux miracles dans l'ordre des faits naturels. Je ne nie pas la possibilité de faire des moteurs extrêmement légers, mais c'est à la condition qu'ils soient animés d'une vitesse énorme. Or j'ai observé dans les oiseaux qu'ils battent leurs ailes (l'organe utilisant *directement* le travail) avec des vitesses souvent appréciables à l'œil nu, et les grandes vitesses je les observe uniquement dans les insectes, comme je l'ai fait remarquer et comme j'en ai donné les raisons. En outre, l'organe générateur du travail, le poumon, est, chez l'oiseau, de dimensions aussi considérables que *tout son corps* le permet.

Comment donc comprendre un moteur aussi léger que l'on prétend, et aussi lent et volumineux?

J'ai vu voler un héron : j'ai compté *un battement* d'ailes par *seconde*. Il restait dans les airs, bien plus, il se transportait à une distance immense dans une minute.

Je l'ai chassé, pesé, et j'ai mesuré la surface de ses ailes, après quoi je me suis posé le problème suivant : *Quel travail dépensait ce héron, pesant 1 kilogramme, ayant 20 décimètres carrés de surface des ailes, les faisant mouvoir avec une vitesse de $0^m,50$ par seconde?*

J'ai remarqué que j'avais tout ce qu'il me fallait pour résoudre l'équation

$$T = KSW^2,$$

et j'ai trouvé

$$T^{ch} = \frac{1}{75}\, 0,2 \times 0,2 \times 0,5^2 = \frac{0,005}{75} \text{ chevaux } (^*).$$

Supposons

$$T^{ch} = \frac{0,02}{75} = \frac{2}{7500} \text{ de cheval,}$$

et il volait.

Dans des circonstances semblables, un oiseau d'un poids cent fois plus grand volerait (**) s'il produisait un travail cent fois plus grand, soit

$$\frac{5}{7500} \times 100 = \frac{5}{75} = \frac{1}{15} \text{ de cheval.}$$

Faut-il donc des moteurs ne pesant que 3 kilogrammes par force de cheval pour une heure (***)?

V.

En résumant tout ce qui a été dit dans la seconde partie de ce Mémoire, on peut conclure :

1° Que les résultats absurdes auxquels conduisent les formules jusqu'ici posées par les calculateurs qui se sont occupés du vol de l'oiseau ne prouvent pas que les formules mathématiques qu'ils ont trouvées soient fausses par rapport aux principes de la science, mais prouvent qu'elles le sont par rapport à l'application que l'on en a faite;

2° Que la cause de l'erreur a été d'avoir cherché l'équilibre statique dans les airs, des masses plus denses (plus lourdes, si l'on veut) que l'air, au lieu d'étudier les conditions de l'équilibre dynamique;

(*) Je suppose $K = 0,2$; loin de croire ce chiffre exagéré, je crois qu'il doit être bien supérieur encore quand il s'agit des ailes des oiseaux, si admirablement disposées.

(**) Volerait, dis-je; ne pas confondre voler et s'élever, s'équilibrer, etc., etc.

(***) Il faut vérifier les données du problème : mon but principal est de le faire résoudre en prenant pour modèles quelques-uns des oiseaux les mieux organisés. J'attache beaucoup d'importance à cela, parce que c'est un moyen expérimental de trouver le travail que les oiseaux dépensent en volant, et de démontrer par les résultats absurdes auxquels on arrive, que le vol de l'oiseau est incompréhensible si l'on n'admet pas les théories que j'ai développées plus haut.

3° Que les oiseaux sont organisés de façon à pouvoir produire un grand effort à un instant donné, mais qu'ils dépensent un travail très-minime en volant, quand des obstacles ne les forcent pas à perdre le travail emmagasiné dans leur masse;

4° Que l'oiseau donc n'est pas un moteur de la force de n chevaux, puisqu'il peut séjourner dans les airs pendant un temps t : il est tout simplement un moteur dont le cylindre a une assez grande capacité pour pouvoir produire, pendant un temps $\frac{t'}{t}$, très-petit par rapport à t, un travail $\frac{t'}{t}\,n$ chevaux;

5° Que le vol de l'oiseau et la possibilité de l'aviation sont fondés sur des principes qui dérivent des lois physiques du choc des corps élastiques et des lois mathématiques des corps glissant sur un plan incliné;

6° Que le travail pour transporter à une distance ε, par les airs, un poids P pouvant être représenté par la partie pleine de la ligne aa (*fig.* 10), quand on décrit

Fig. 10.

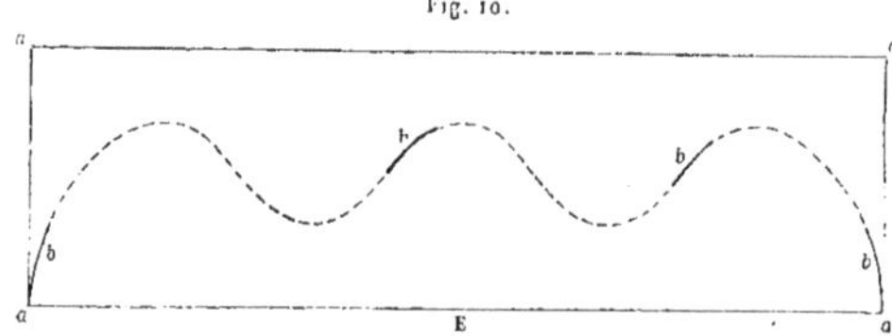

une trajectoire droite et horizontale; par les parties pleines indiquées par la ligne bb quand on décrit la trajectoire que suivent les êtres qui volent, le bon sens même nous dit le choix à faire.

VI.

Je désire ne pas tomber dans l'erreur de ceux qui ont dit : « L'aviation ne sera possible que *quand* on aura un moteur ne pesant que 12, 6 ou 3 kilo-grammes, etc., par force de cheval, y compris l'approvisionnement pour un temps donné. » Même en supposant que des obstacles s'opposent, dans la pratique, à la réalisation du système de locomotion que l'on déduit des formules trouvées et de leurs conséquences; même en ce cas, que je ne puis admettre, il n'est pas certain que la locomotion aérienne ne soit possible que lorsque ce difficile problème sera résolu.

En admettant ce principe, je ne vois pas pourquoi on n'admettrait pas aussi que la locomotion terrestre est impossible, parce que le cheval ne peut emmagasiner que pendant un temps t un travail F. Les mêmes considérations pourraient s'appliquer à la locomotion à vapeur, à la locomotion maritime et fluviale, etc. Cependant les charrettes sont trainées par des chevaux qui se reposent et reprennent leur lourd fardeau; les trains roulent sur les chemins de fer et la locomotive qui a épuisé ses forces est en quelques moments prête à remorquer de nouveau son immense chaine de fer, et les mers et les fleuves sont sillonnés de navires, vrais colosses de la civilisation moderne.

On dirait que l'aviation ne sera un fait que quand on pourra faire deux fois le tour du monde sans s'arrêter et d'un seul trait.

Vraiment, pour commencer, je crois ces aspirations un peu exagérées. Prétendre pour une nouvelle science ce qui n'a encore pu se réaliser dans aucune des plus anciennement connues, je le répète, est par trop demander, et certainement l'aviation transformera notre globe le jour où l'on franchira des distances de 500 et même 1000 lieues d'un seul trait.

D'après ceci, le problème de l'aviation n'est pas ramené à trouver un moteur plus ou moins léger qui puisse se maintenir en l'air pendant un temps t : il faut calculer si, pendant ce temps, l'espace ε que l'on peut franchir est suffisant pour produire un avantage réel. S'il en est ainsi, l'aviation est née.

Or, jusqu'à présent, je n'ai nullement démontré, au moins d'une manière explicite, qu'il existe des moteurs tels, qu'ils puissent s'élever à quelques mètres du sol; je n'ai fait que démontrer la différence immense entre le travail nécessaire pour équilibrer continuellement un poids P dans l'air et le travail, relativement minime, nécessaire pour *avier*. Ceci contribue à faciliter la solution du problème, mais ne donne pas cette solution.

Faut-il donc que je commence par démontrer que j'ai trouvé ce moteur pesant 10 ou 3 kilogrammes par force de cheval et pour une heure? Non. Et au lieu de chercher ce qui est peut-être une chimère, plaçons la question sur son vrai terrain. Je ne vais donc pas chercher quel doit être le poids d'un moteur de T chevaux pour qu'il puisse soutenir en l'air un poids P; je poserai la question comme il suit :

Puisque nous avons à notre disposition une bobine de Ruhmkorff et 2 éléments Bunsen; puisqu'un cylindre, avec les accessoires d'un moteur à mélange d'hydrogène (moins dense que l'air) et d'air atmosphérique (qui nous suivra partout), ne pèsent pas plus de 1 kilogramme par force de cheval, et que ce poids, dans un moteur fonctionnant à intervalles, est le poids du moteur par unité de force; puisque, finalement, nous avons besoin de l'hydrogène pour obtenir cette force, pour élever et transporter à une distance ε un poids P, quelle doit être sa densité? Ou, en d'autres termes, de combien faut-il alléger un poids P pour que le moteur de T chevaux nécessaires à le transporter à une distance ε puisse effectuer ce transport? Le plus lourd que l'air, dont on a tant parlé dans ces derniers temps, doit-il être aussi lourd que l'acier? Le bois, le liége ne sont-ils pas plus lourds que l'air?

Qu'on ne se désillusionne pas : ce que j'ai dit au commencement de ce Mémoire sur les *ballons,* je l'affirme encore; la science dit que l'aviation doit se réaliser à l'aide d'appareils *plus denses que l'air,* et que *plus il sera possible de les rendre denses,* plus les résultats seront remarquables. Je crois donc à la science, mais je limite mes aspirations à ce qui est réalisable, et ce sont les progrès industriels d'aujourd'hui qui bornent mon horizon.

Les ballons donc sont une absurdité; mais les masses légères, quoique *plus lourdes que l'air* (*), sont les *vrais moyens d'arriver sûrement,* et quand on voudra, à parcourir *dans les airs des distances énormes, avec des vitesses très-supérieures à celles des chemins de fer, même par des vents très-forts,* si les appareils ou aéronefs sont intelligemment disposés.

Ceci doit rassurer les partisans de ce nouveau progrès. Comme j'ai posé la question, depuis une masse aussi dense que l'air (ballon qui ne peut s'élever), jusqu'à une masse *aussi dense que le mercure* (**), la latitude est grande pour perfectionner les appareils qui nous transporteront *plus vite,* plus sûrement et à une plus longue distance, à mesure que l'on se rapprochera des limites de la perfection.

Quelle est aujourd'hui la perfection à laquelle on peut aspirer? Elle est bien plus grande qu'on ne le croit généralement pour des appareils transportant quatre ou cinq personnes.

J'avais pensé terminer ce Mémoire en donnant les plans et les calculs complets d'un appareil pour faire parcourir à un homme un espace de 1000 kilomètres en cinq ou six heures. Mes occupations m'empêchent d'exécuter ce projet. Mais j'espère être bientôt en mesure de le faire, et je serai heureux de réaliser mes promesses dans le plus court délai possible.

N. B. Dans ce Mémoire, je n'ai fait qu'effleurer, pour ainsi dire, les principes de la locomotion aérienne. Un Mémoire n'est pas un Traité. A son temps, j'ai l'intention de l'écrire, et tous les détails y seront assez développés. Je crois cependant avoir énoncé les principes fondamentaux de la nouvelle science.

(*) J'avancerai plus encore : les masses peu denses, jusqu'à *une certaine limite,* seront *toujours* préférables. Cette limite est fixée, et par la différence entre le travail nécessaire au transport et celui nécessaire au soutien, et par la *possibilité* de donner une forme convenable aux surfaces d'une densité D.

(**) La nature ne nous offre pas de volatiles d'un poids considérable; loin de là, la relation entre le volume du corps des oiseaux et leur densité est grande. Ceci semble nous dire que la masse des aéronefs sera toujours petite par rapport à leur volume.

PARIS. — IMPRIMERIE DE GAUTHIER-VILLARS, SUCCESSEUR DE MALLET-BACHELIER,
rue de Seine-Saint-Germain, 10, près l'Institut.

TABLE DES MATIÈRES.

Paris. — Imprimerie de GAUTHIER-VILLARS, successeur de MALLET-BACHELIER, rue de Seine-Saint-Germain, 10, près l'Institut.